Encyclopédie des Races de Chiens

PUBLIÉE

sous la direction de M. Paul MÉGNIN

Directeur du journal « L'Éleveur »

LE POINTER

SON HISTORIQUE — SON STANDARD
LE POINTER CLUB — RÈGLEMENTS D'ÉPREUVES
LES CLUBS SPÉCIAUX

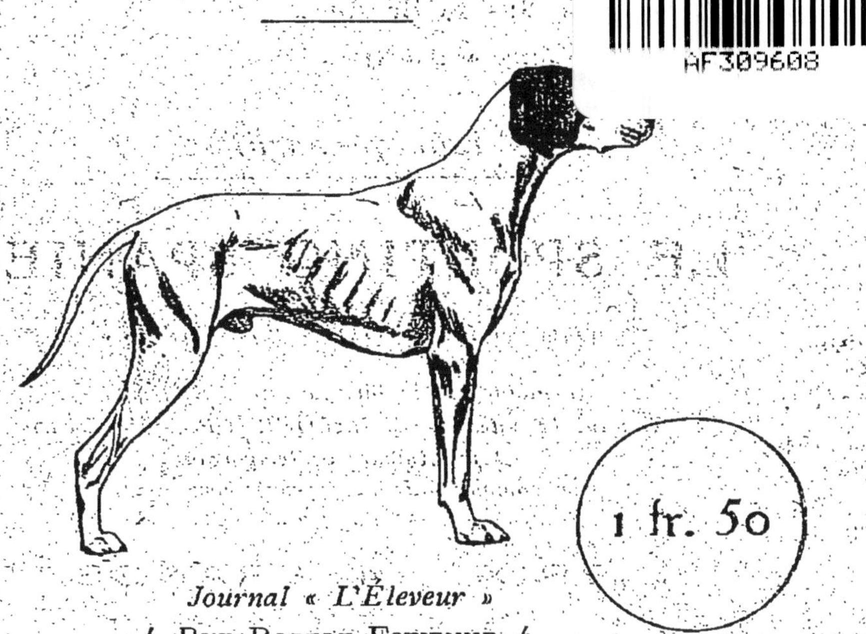

1 fr. 5o

Journal « L'Éleveur »
4, RUE ROBERT ESTIENNE, 4

PARIS

LE POINTER

SON HISTORIQUE — SON STANDARD

LE POINTER CLUB — RÈGLEMENTS D'ÉPREUVES

CLUBS SPÉCIAUX.

BIBLIOTHÈQUE DE *L'ÉLEVEUR*

4, RUE ROBERT ESTIENNE, 4

— PARIS —

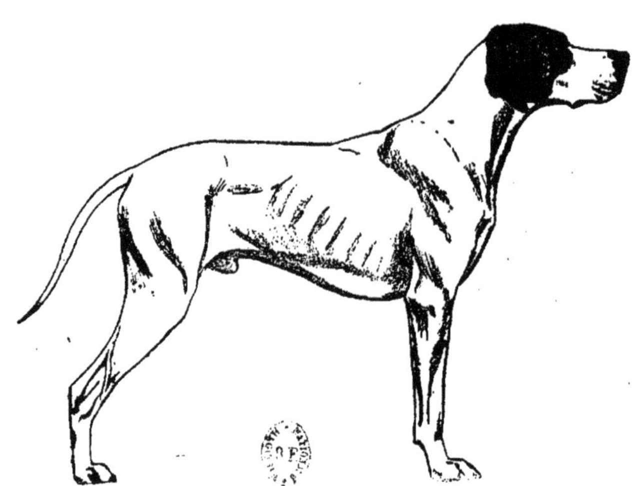

TYPE D'EMSEMBLE DU POINTER

Adopté par le Pointer Club Français

DESSIN DE P. MAHLER

GÉNÉRALITÉS

Par Fram

Le mot « Pointer » sert à désigner tous les chiens d'arrêt anglais à poil ras. C'est donc un mot aussi général que le mot braque employé en France pour désigner les chiens d'arrêt d'origine continentale.

C'est pourquoi toutes les descriptions du pointer qui ne sont pas restées très larges comme mesure des angles et des lignes ne sont-telles que la description de certaines variétés de pointer mais non du pointer en général dont la taille, la silhouette, la robe, etc. oscillent dans des limites assez vastes.

On conçoit de suite que l'historique d'une race aussi étendue se présente comme une tâche des plus compliquées car il se subdivise évidemment en historique ancien étayé sur des bases vagues et en historique moderne appuyé sur des documents plus ou moins sérieux; cet historique moderne pour être vraiment précis devrait se subdiviser lui aussi en études des principales familles, de même qu'un historique moderne des braques devrait nécessairement comprendre : l'historique du Dupuy, celui du Bourbonnais, celui de l'Allemand, celui de l'Auvergnat, etc...

L'historique ancien du pointer c'est l'historique du chien d'arrêt en général auquel les érudits ont donné l'Espagne pour berceau, bien que l'Italie puisse aussi être considérée comme le premier pays où l'on ait employé à la chasse un chien arrêtant.

C'est vers le 14e siècle que les écrivains commencèrent à mentionner le chien d'arrêt et les artistes à le reproduire. Il semble probable que l'introduction du chien d'arrêt en Angleterre n'ait eu lieu que vers le commencement du 18° siècle; ces chiens avaient déjà acquis en France une assez grande perfection de formes ainsi qu'on peut le constater au Musée du Louvre sur les toiles d'Oudry et de Desportes.

Nous ne chercherons pas à savoir avec quels éléments et de quelle façon les Espagnols et les Italiens ont fait leurs premiers chiens d'arrêt car il nous faudrait tomber dans les hypothèses; nous tiendrons seulement pour certains les deux faits suivants : de tout temps on a croisé les chiens d'arrêt à poil ras avec les chiens d'arrêt à poil long et on a eu la tendance d'infuser le sang de chien courant. Le seul examen des dessins anciens suffirait à démontrer que beaucoup d'épagneuls étaient à oreilles rases, ce qui est le signe certain d'un croisement braque et que beaucoup de braques avaient la queue frangée fortement, indice d'une présence d'épagneuls dans l'ascendance. Tous ces chiens d'arrêt représentés à poil ras avec une mouchette de poil au bout de la queue écourtée ce sont des bâtards braques-épagneuls tondus dont les ciseaux avaient respecté l'extrémité de la queue exposée aux blessures. Du reste la sélection était surtout qualitative grâce à cette pratique de croiser la meilleure chienne, quelque soit son apparence, avec le meilleur chien des environs, fut-il un peu différent de lignes et de robe.

En France dans la période moderne nous avons assisté, avant la naissance de la Cynophilie officielle, à des errements semblables d'une façon assez suivie pour déduire que la fixation des types passait loin derrière l'amélioration de la qualité.

Le Français est très essayeur par nature et il a toujours l'idée de mélanger pour voir ce que cela donnera : cet instinct a certainement contribué au mélange des races.

Les vieux auteurs ont tous avec unanimité parlé favorablement du croisement du chien d'arrêt avec le chien courant, et il ne faut pas s'en étonner à une époque où le gibier débonnaire se laissait arrêter à bout de nez ; le croisement en question augmente la sûreté du nez en diminuant la nervosité cataleptique de l'arrêt : le chien croisé s'immobilise moins hypnotisé, il conserve mieux son cerveau lucide pour se rendre compte de la nature de l'émanation et résoudre le problème de la présence ou de l'absence du gibier ; le chien croisé est certainement meilleur retriever de gibier blessé qu'il faut suivre à la piste que le chien trop sélectionné sur la fermeté d'arrêt. Ces considérations, le besoin de produire des chiens de trait ou limiers, le désir d'essayer du nouveau, la nécessité de croisement quand on n'avait pas sous la main d'autres chiens d'arrêt expliquent les nombreux mariages qui furent faits entre races d'arrêt et races courantes.

Mais il ne faut pas oublier que l'effet de tout croisement est d'augmenter le nombre des déchets, car si des chiens prennent ce qu'il y a de bon des deux côtés, d'autres prennent ce qu'il y a de mauvais ; à côté des avantages que j'ai mentionnés pour la présence du sang de chien courant dans les races d'arrêt il faut penser aux inconvénients dont les moindres sont : l'arrêt court ou nul, le nez bas, la poursuite du poil, le manque de gentillesse, la dent dure.

Quand les chiens d'arrêt commencèrent à être employés en Angleterre, il semble que le croisement des chiens à poil ras avec les chiens à poil long soit tombé en désuétude car les grands propriétaires aux mains desquels était l'élevage désiraient se créer des familles se reproduisant avec un type sensiblement uniforme, de là la grande division en pointers et en setters.

Le croisement avec le chien courant continua à se pratiquer de temps à autre ouvertement ou non, il avait le gros avantage de ne pas modifier sensiblement l'apparence du pointer ; les deux races de chiens courants qui furent le plus employés sont : le fox-hound et le bloodhound. Le fox-hound, la gloire du génie Anglais, a toujours joui d'une telle vogue que les éleveurs y eurent recours tout naturellement pour donner à leurs pointers de la taille, de l'os, de la rectitude des aplombs. Le fox-hound étant peu collé à la voie n'avait pas l'inconvénient de trop abaisser le nez du pointer. Un des plus célèbres produits de fox-hound et de pointer fut Dash au Colonel Thornton qui vivait au commencement du XIXe siècle. Il est à présumer que ce croisement fut souvent mal fait et trop répété et développa cet esprit d'indépendance qui a tant nui à la réputation de la race quand elle nous revint d'Angleterre il y a une cinquantaine d'années à peine.

Le croisement fox-hound a été avoué, mais il ne semble plus se pratiquer depuis que les épreuves sur le terrain ont engagé la production dans une voie nouvelle.

Un croisement à peu près certain mais dont il n'est fait mention nulle part est celui avec le bloodhound. Je suis convaincu que plusieurs familles de pointers et notamment de pointers noirs ont du sang bloodhound. Cela se reconnaît à la peau épaisse et abondante, à l'oreille basse et papillotée, aux fanons, au port du fouet gai. Au moral ces chiens sont peut-être ceux qui perçoivent le mieux le sens de l'émanation et ce n'est pas étonnant si on réfléchit que le bloodhound est le chien le mieux doué au point de vue olfactif.

Le pointer a certainement été croisé inconsidérément avec le lévrier, ce que l'on reconnaît à certaines formes de têtes, de fouets et parfois d'oreilles et à la délicatesse de caractère. Il a été aussi mélangé au bull terrier, sinon au bull dog pour lui donner de la physionomie dans le profil de la tête et dans la brièveté du fouet. Pendant une époque on voyait des chiens à poitrine large, fouet court parfois déshonoré d'une nodosité de mauvais aloi. Il est probable que certaines familles de pointers éminemment batailleuses avaient des accointances avec le bull terrier. Du reste on ne voit guère d'où le pointer Little Duck of Kent aurait tiré ce profil de tête très cassé avec chanfrein concave qu'il a partiellement légué à ses descendants, cette tête n'est celle ni des anciens braques ou épagneuls, ni des chiens courants.

J'ai eu le plaisir de retrouver la confirmation de presque toutes ces idées que vingt-cinq années d'élevage et d'étude m'ont suggérées, dans l'intéressante compilation de M. Arkwright intitulée « Le Pointer ».

Nous nous trouvons donc en présence d'un édifice dont les matériaux sont quelque peu disparates et dont les divers architectes avaient des idées souvent baroques.

On peut en déduire combien il est délicat pour nous d'importer des chiens destinés à l'élevage car nous ne connaissons nullement le dosage des animaux qu'on nous offre, en tant que sangs étrangers à ceux des premiers chiens d'arrêt. Nous avons eu maint exemple en France de reproducteurs importés dont les descendants accusaient trop de retour sur le bull, le lévrier, le chien courant. De ce que la chose demande de la circonspection, il ne s'en suit pas qu'il faille s'en abstenir, non pas, seulement il faut s'entourer de garanties.

Les trials vont certainement avoir une très heureuse influence sur la production du pointer car les éleveurs sérieux qui les suivent peuvent éclairer leur religion sinon avec les résultats du moins par l'examen du travail qui permet de distinguer les allures, l'intelligence, le nez, l'esprit de discipline.

La différenciation des divers types de pointers eut dû être l'œuvre du Pointer Club Anglais de même que la différenciation de divers types de braques fut l'œuvre de la Réunion des Amateurs de chiens d'arrêt français : le Pointer Club a manqué à cette tâche. Il n'appartenait pas au Pointer Club Français, d'en prendre l'initiative ; celui-ci a décrit un type moyen et fait dessiner une silhouette assez plaisante pour servir de prototype.

On a le tort un peu partout de diviser les classes de pointers d'après le poids, en classes de grands pointers et en classes de petits pointers bien que le type soit le même et que les uns et les autres soient souvent issus des mêmes reproducteurs.

Personnellement définissant avant tout le pointer : « chien de service » je lui désire les qualités suivantes : attitude assurée et débonnaire tout à la fois avec regard doux et intelligent, tête plutôt grande que petite, mais non bouledoguée, coffre important pas trop large par devant, mais assez bien cerclé en arrière des coudes, avec une ligne de dessous harmonieuse remontant sans brusquerie vers le ventre ; un défaut commun à beaucoup de chiens est d'être trop plats ; le rein doit être fort et légèrement harpé ; l'épaule de longueur et d'obliquité moyennes est suffisante pour la chasse, l'épaule longue et bien rejetée en arrière comme chez le cheval de pur sang favorise l'ampleur de l'allure et sa grâce, mais pratiquement une trop vive allure n'est pas à souhaiter en dehors des épreuves où il faut trouver vite et ou un chien n'a pas plus d'une heure de galop à fournir en plusieurs reprises dans une même journée. La croupe comme longueur et obliquité se satisfait aussi de mesures moyennes, il ne manque pas de très bons chiens à l'allure suffisante qui ont la croupe un peu en pupitre des hunters irlandais ; le chien de grand field gagnera à posséder une croupe plus longue et plus inclinée ; les muscles de l'épaule et de la croupe doivent être assez développés pour un dur service ; j'ai connu de très bons chiens avec des jarrets droits comme ceux des chevaux de sang, d'autres très bons également avec des jarrets coudés, je ne crois pas qu'il y ait là une importance énorme ; par exemple des pieds mous aux doigts écartés, dont les ongles s'usent mal doivent toujours être considérés comme très mauvais, le meilleur pied du pointer tient le milieu entre le pied du chat et celui du lièvre en se rapprochant plutôt de celui-ci.

Accessoirement, je préfère une tête sèche artistiquement agrémentée d'une lèvre fine un peu pendante, je trouve plus jolies les encolures longues sans fanons, les fouets de taille moyenne s'harmonisant avec la ligne du dos et plutôt fins que gros.

Méfiez-vous toujours des gens qui demandent une tête de bull, une poitrine de lévrier, des membres de fox-hound, etc. car cela est irréalisable. La nature a ses lois et on ne peut modifier certaines lignes ou angles dans un sens sans que d'autres lignes ou angles le soient aussi.

FRAM.

LES DÉBUTS DU POINTER EN FRANCE

Si les Pointers firent *officiellement* leur première apparition en France à la première exposition canine de Paris (1863) ils avaient fait fureur chez nous trente ou quarante ans auparavant. Le Baron de Noirmont dans un historique résumé des Races de chiens employés à la chasse en France (1863) écrit ceci : « Le vieux braque anglais *(Old English Pointer)* tel qu'on le trouve représenté dans les gravures du commencement de ce siècle avait la plus grande analogie de formes avec les Braques espagnols et français. Les auteurs indigènes le croient issu du premier de ces chiens. En employant le croisement de fox-hound, on arriva à affiner ces braques et à créer une race de pointers très élégants, hauts sur jambes, levrettés et un peu grêles. D'autres étaient blancs, marqués de fauve. Ces chiens avaient une quête très brillante, et beaucoup de nez. De quelques uns de ces pointers importés vers 1818 et 1820 et provenant, dit-on, d'une race appartenant au Duc de Wellington sont sortis les braques blancs et oranges, dits de Charles X, de St-Germain ou de Compiègne. Les Pointers de ce type sont depuis quelques années entièrement passés de mode dans la Grande Bretagne, on leur a substitué ces chiens marrons ou marrons et blancs, trapus, membrés, au large poitrail, à tête carrée, que nous avons vus avec étonnement représenter à l'exposition la classe des Pointers anglais, et qui représentent complètement le type du pointer primitif et du vieux braque français son parent. » Voici au sujet des Pointers exposés en 1863 le jugement du Comte d'Orglandes, rapporteur du jury des récompenses pour les chiens d'arrêt :

« La 19ᵉ classe, Braques anglais (*Pointers*) comprenait un grand nombre de concurrents et a mérité un long et sérieux examen. Le 1ᵉʳ Prix Ranger à M. Newton, lauréat de plusieurs concours en Angleterre, est un sujet d'élite de ce type à grande quête et à structure noble et résistante que son nom désigne. Le magnifique couple marron, moucheté de blanc appartenant à M. Paul Caillard (Doun et Dol) ne pouvait descendre plus bas que le second rang. » A cette première exposition, les Braques St-Germain concourraient avec les pointers.

M. Pierre-Amédée Pichot fit en 1863 une critique complète des chiens exposés, critique qui parut dans la *Revue Britannique* de Juin 1863 ; voici son opinion sur les pointers :

« Un des types de pointer les plus connus, grand chien noir, marqué de feu, haut sur pattes, au jarret fin, et un peu levretté, type que nous avons vu encore il y a un an en Angleterre, à l'exposition d'Islington ne comptait pas un seul représentant, et aujourd'hui, les Anglais qui modifient continuellement leurs races, recherchent dans leurs pointers les formes carrées et un peu lourdes de l'ancien braque français. Tel était Ranger, le fameux étalon de M. Newton, et tels étaient encore beaucoup de chiens venant d'Angleterre, avec une généalogie parfaitement en règle. »

Dans les expositions canines qui suivirent celle de 1863, en 1865, 1867 et 1873 le terme pointer disparaît des programmes et catalogues, il est remplacé par le terme Braque, et diverses classes — suivant la couleur — sont affectées aux Braques, en dehors des Braques Dupuy, St-Germain, des Bourbonnais, etc.

P. M.

TYPE DU POINTER

Description officielle
adoptée par le Pointer Club Français
depuis 1898.

TÊTE

Nez. — *Qualités.* — Truffe correspondant comme couleur aux taches foncées de la robe, proéminente et légèrement relevée. Narines très ouvertes. Légère marbrure sur la truffe ne peut être considérée comme un défaut pas plus que la truffe noire chez le pointer blanc et orange.

Défauts. — Truffe trop claire ou marbrure trop accentuée ; truffe serrée ; museau pointu.

Lèvres. — *Q.* — Fines, assez descendues pour rendre le museau carré, vu de profil.

D. — Epaisses, trop descendues ou fuyantes.

Chanfrein. — *Q.* — Long et droit.

D. — Court et busqué.

Dents. — *Q.* — Blanches, bien rangées, celle de dessus en parfaite opposition avec celles de dessous.

D. — Cariées ; celles de la mâchoire inférieure dépassant trop en avant ou en arrière de celles de la mâchoire supérieure.

Crâne. — *Q.* — Os frontal élevé ; ligne occipitale externe se terminant entre les arcades sourcilières par une légère dépression ; crête occipitale proéminente ; parois latérales du crâne plates ; arcades sourcilières saillantes et se liant au chanfrein à angle presque droit.

D. — Crâne étroit, trop large, rond ; crête occipitale exagérée, pariétaux arrondis ; muscles masséters trop développés ; manque de cassure à l'union du crâne avec le chanfrein.

Yeux. — *Q.* — Couleur or brun foncé ; peuvent être plus clairs chez les sujets blancs et orange ; saillants, regard franc et intelligent.

D. — Trop clairs, obliques, trop saillants ou trop enfoncés ; regard méchant ou hagard.

Oreilles. — *Q.* — Minces, pas trop larges, se terminant en pointe ; attachées sur une ligne partant de la truffe, passant par l'œil, aboutissant à la protubérance occipitale externe et dépassant très légèrement la gorge dans la position du repos.

D. — Epaisses, papillottées, trop longues ou trop courtes ; arrondies à l'extrémité inférieure ; attachées trop bas ou trop haut ; portées trop en avant ou trop en arrière.

Cou. — *Q.* — Long, léger, arqué, sec, bien musclé, attaché finement à la tête, sortant franchement des épaules.

D. — Court, lourd, chargé de fanons, plat dans son dessus, cylindrique, empâté à sa jonction avec la tête et les épaules.

CORPS

Poitrine. — *Q.* — Profonde, descendant à la naissance du coude ou plus bas, côtes longues, saillantes, la dernière rapprochée de la hanche.

D. — Poitrine manquant de descente, trop large ou trop étroite ; côtes plates.

Dos. — (Entendu du garrot à la naissance du rein). *Q.* — Droit.

D. — Ensellé.

Rein. — *Q.* — Court, arqué, large et musculeux.

D. — Etroit ou plat.

Hanches. — *Q.* — Saillantes et arrivant à la ligne du rein, très larges chez les lices.

D. — Basses.

Croupe. — *Q.* — Prolongeant en arrière la ligne convexe du rein.

D. — Croupe avalée.

Queue. — *Q.* — Attachée à la hauteur de la ligne du rein, portée dans le prolongement de la convexité de la ligne du rein ; arrivant au maximum à la pointe du jarret, quand elle tombe naturellement ; grosse à la naissance et diminuant subitement pour devenir très fine à son extrémité.

D. — Attachée trop haut ou trop bas, trop courte ou trop longue, recourbée, chargée de poils.

MEMBRES ANTÉRIEURS

Epaules. — *Q.* — Obliques, longues et serrées.

D. — Lourdes, courtes et droites.

Garrot. — *Q.* — Élevé.

D. — Pas assez saillant ou noyé.

Bras. — *Q.* — Forts et musclés, collés au corps ; le pli de l'aisselle attaché haut.

D. — Grêles, détachés du corps.

Avant-Bras. — *Q.* — Droits, forte ossature, coudes ni en dedans ni en dehors.

D. — Déviés en dehors ou en dedans, ossature grêle.

Paturons. — *Q.* — Courts et d'aplomb.

D. — Bouletés ou trop inclinés, déviés en dedans ou en dehors.

Pieds. — *Q.* — Doigts très serrés, pieds ni trop longs ni trop ronds.

D. — Larges, déviés, doigts écartés, sole charnue.

MEMBRES POSTÉRIEURS

Cuisses. — *Q.* — Droites, descendues, très musclées, pointe de la fesse saillante.

D. — Plates.

Jarrets. — *Q.* — Larges, vus de profil ; secs sans déviation ni en dedans ni en dehors.

D. — Étroits, droits ou coudés, pas d'aplomb.

Canons. — *Q.* — Secs, courts et d'aplomb.

D. — Longs, empâtés et déviés.

Pieds. — *Q.* — Mêmes qualités que pour les pieds de devant, quatre doigts et jamais d'ergots.

PEAU

Q. — Fine.

D. — Épaisse.

POIL

Q. — Dense et court, mais uniformément lisse dans le blanc et dans les taches.

D. — Grossier et inégal.

ROBE

Q. — Blanche et noire, blanche et foie, blanche et citron ou zain d'une de ces couleurs, tricolore.

ENSEMBLE

Q. — Alliance de la force avec la distinction et la légèreté.

Q. — Commun, lourd, lymphatique.

———

LE POINTER EN ANGLETERRE

Par Jacques Lussigny

On a beaucoup écrit en Angleterre, naturellement sur le pointer et ses origines. Au sujet de ces dernières, il existe de nombreuses théories sur lesquelles notre intention n'est pas de nous étendre mais qui toutes s'accordent sur certains points. C'est le résumé de cet ensemble de faits à peu près généralement admis, que nous allons exposer.

Il ressort donc, d'après les auteurs anglais, que le pointer a très probablement été introduit dans les Iles Britanniques, vers le commencement du dix-huitième siècle et qu'il y fut importé d'Espagne par les survivants de l'armée anglaise après la conclusion de la paix d'Utrecht, en 1712. Son nom viendrait alors du mot espagnol *punta*. Et, en effet, l'examen des gravures du temps montre que le pointer d'alors possédait de nombreux points de ressemblance avec le vieux braque espagnol et même avec le moderne. Ces chiens étaient d'une silhouette agréable, avaient le museau relevé, de bons membres et une ossature suffisante. C'est ce type-là que l'on désigne actuellement en Angleterre sous la dénomination de « pointer espagnol vieux style ».

Plus tard, mais bien avant le commencement des expositions canines, le pointer fut croisé avec le foxhound et cette infusion de sang nouveau a été déplorée par bon nombre d'auteurs qui voyaient en elle une grave erreur en raison des qualités presque complètement opposées des deux races. « On a voulu, disaient-ils en substance, améliorer la silhouette et la symétrie du pointer, mais on a annihilé le merveilleux tempérament chasseur qu'il avait à l'origine. Les

deux chiens chassent avec leur nez, c'est vrai, mais l'un suit la voie de l'animal, l'autre est guidé par les émanations qui flottent dans l'air. Ce sont deux méthodes tout à fait opposées, et il a fallu des générations nombreuses pour redonner au pointer l'usage de celle qui lui était propre ».

M. W. Arkwright entre autres, fut toujours, dans ses écrits, un ennemi acharné de toute espèce de croisement et il s'est attaché dans son étude à en démontrer les mauvais effets.

D'autres auteurs, au contraire, se sont montrés partisans du croisement et leur théorie affirme que le fox-hound a donné de la taille, de l'ossature et du sang riche à une race dont la constitution avait été débilitée par une excessive consanguinité. C'était là, d'après eux, le point important, un élevage raisonné devant par la suite rendre aux qualités olfactives et morales toute leur intensité. Bref, le pointer, dans cette histoire, aurait gagné en vigueur et en intelligence.

Quoiqu'il en soit, le croisement pratiqué à cette époque par des éleveurs en renom tels que lord Sefton, lord Henri Bentick, lord Licfield, le Rév. J. Holdon, M. Moor d'Appleby, etc., semble avoir été apprécié par de nombreux autres puisque l'on a écrit qu'il avait été depuis réemployé sur une vaste échelle et cela jusqu'à une époque très moderne. Encore actuellement, paraît-il, le fait se produit d'une manière fréquente et il nous est arrivé pendant nos déplacements en Angleterre, d'entendre émettre cette affirmation au cours de conversations sur le sujet. Nous nous bornerons à l'indiquer.

Cette question du croisement est la seule marquante dans les historiques du pointer en Angleterre. On conçoit d'ailleurs toute son importance ; il était donc indispensable d'en dire un mot. Pour le reste, les divers ouvrages qui ont traité du pointer n'offrent rien de capital et comprennent surtout une suite chronologique de faits concernant les expositions, les épreuves et les succès de quelques grands élevages : un volume ne suffirait pas à cette étude.

Il y eut en Angleterre, voilà quelque dix ou douze ans un Pointer Club, mais il s'éteignit prématurément. Cette courte existence ne semble pas avoir eu beaucoup d'effet sur la race qui est placée maintenant sous la protection de la Pointer and Setter Society, composée presque uniquement de chasseurs et qui organise annuellement des field-trials dont le succès est assuré. Cette société a fait le plus grand bien au pointer parce qu'elle l'a sorti d'entre les mains des « amateurs d'exposition » qui menaçaient d'en faire uniquement un chien de ring, ainsi d'ailleurs que cela s'est produit pour de nombreuses variétés anglaises. Les épreuves qu'elle donne sur le terrain ont rappelé aux éleveurs qu'avant tout le pointer est un chien de travail que l'ont doit apprécier d'abord pour ses qualités en chasse. De fait, cette idée semble avoir prévalu en Angleterre, car nous n'avons pas eu l'occasion d'y voir, aux expositions, des classes aussi bien typées que celles qui figurent chez nous. Le pointer en France a meilleur aspect que de l'autre côte de la Manche où il est devenu un chien éminemment sportif, la seule raison d'être de la grande chasse anglaise qui fait travailler les chiens en couple, ne tire qu'à leur arrèt, emploie des retrievers, fait du sport.

JACQUES LUSSIGNY.

Standard du Pointer établi par M. W. Arkwright

Traduit de l'anglais par Jacques Lussigny

Voici maintenant quelle est la description du pointer donnée par M. Arkwright dans « British Dogs ».

Tête. — Elle doit être longue ; l'œil étant placé juste à mi-chemin entre l'occiput et les narines. Il doit y avoir un stop bien prononcé entre les yeux et une bonne chute depuis le crâne pour faire ressortir le museau bien relevé. Au point de réunion du crâne au museau, la tête doit être nettement coupée : cela semble devoir donner du caractère au visage ; quand cette partie est pleine, cela donne à la tête l'apparence que l'on appelle « gummy » (1). Le crâne doit être large entre les oreilles : les chiens qui ont les tempes larges et pleines sont les plus intelligents et ont les meilleurs nez ; ils ne doivent pas cependant avoir les arcades zygomatiques larges ou proéminentes. Les lèvres, minces quoique amples ne doivent pas pendre comme celles du bloodhound, ni cependant s'éffiler vers les narines autant que chez les fox-hound.

Yeux. — Ils ne doivent pas être enfoncés comme chez le hound, mais larges et pleins d'animation et d'intelligence. Un œil chagrin, au regard dur doit être évité. C'est souvent l'indice d'une « forte tête » d'un animal « ingouvernable » presque sans valeur sur le terrain.

Oreilles. — Elles doivent être minces et soyeuses et de longueur moyenne. Elles doivent être attachées haut sur le crâne et pendre à plat sur les joues.

Cou. — Il doit être long et musclé, sortir nettement des épaules et joint au crâne de la même façon. Il doit être légèrement arqué.

Jambes de devant. — Elles doivent être droites et fortes ; les bras musclés ; les coudes bien descendus et venant bien sous le corps — pas décollés, ni en ailes de pigeon. Le paturon doit être oblique et de bonne longueur.

Pieds. — Ils doivent être proportionnés à la taille du chien et pointus comme ceux du lièvre.

---

(1) Guillemeté dans le texte. Signifie : empâté.

Epaules. — Elles doivent être longues, fines et s'incliner en arrière. On doit y faire grande attention, car un chien qui a l'épaule épaisse, chargée et droite aura un galop irrégulier, piqué et pénible.

Poitrine. — Elle doit être profonde, mais pas trop large, les côtes bien ressorties depuis la colonne vertébrale, et massives.

Corps. — Il doit être bien développé et puissant ; un corps faible et resserré est un grand défaut indiquant un manque de constitution et un chien qui n'a pas cette dernière qualité ne sera pas capable de supporter plusieurs journées consécutives de dur travail. Les côtes arrière doivent être profondes, le rein semblant jaillir d'elles, car une trop grande longueur depuis la dernière côte jusqu'à la hanche et un rein creux sont un grand défaut.

Rein. — Il doit être légèrement arqué, très large, fort, et musclé.

Cuisses et jambes arrière. — C'est d'elles que dépend principalement la puissance des leviers propulseurs du chien. Si elles sont faibles et mal formées, le chien aura bien peu de fond (1). Les cuisses doivent être très longues et musclées, bien développées, avec une « seconde cuisse » proéminente, le jarret long et bien coudé ; les jarrets grands, forts et parallèles — pas fournis à l'intérieur, ce que l'on appelle souvent, « jarrets de vaches » ; les hanches bien écartées et placées aussi haut que la ligne du dos. Les chiens dont les hanches sont larges et saillantes possèdent généralement la vitesse et l'endurance.

Fouet. — Il doit être plutôt court, fin au bout et fort à la racine. Il doit être attaché juste au-dessous de la ligne du dos mais pas trop bas au point de donner au chien l'air d'avoir un « croupion d'oie » (2). Il ne doit pas être tourné en l'air comme chez le hound, ni tomber comme chez le clumber. Il doit être porté d'une manière vivante et toujours à niveau.

Symétrie. — On peut la définir: une parfaite unité de proportion dans tous les points énumérés ci-dessus, de façon à présenter la silhouette magnifique qui est si plaisante à l'œil — une adaption parfaite de chacune des parties du chien à l'utilisation de tous ses moyens en vue d'en tirer le plus grand avantage. Par exemple quelques chiens possèdent plusieurs points à un très haut degré de perfection et malgré cela, parce que d'autres sont défectueux, leur symétrie est en défaut.

____

(1) « Stayer » dans le texte.
(2) « Goose-rumped » dans le texte.

A moins que tous les points soient considérés collectivement, il ne peut être question de symétrie : il est donc très difficile d'estimer cette dernière correctement.

Couleur. — On a pensé que celle où le blanc domine est la meilleure parce qu'elle permet au sportsman de se rendre compte de ce que fait son chien dans les hauts couverts ; mais en ce qui concerne la couleur des marques sur ce fond blanc, il n'y faut attacher aucune importance, et, à l'appui de cette opinion, on voit souvent des spécimens de diverses couleurs également bons. Il y a quelques années le blanc et citron ou orange étaient le plus à la mode, mais plus récemment les blancs et foie ont été les gagnants les plus heureux. Le blanc et noir et les couleurs uniformes : noir, foie et toutes les teintes de jaune sont aussi correctes chez le pointer, mais les tricolores sont très suspects. Cependant, autrefois, le pointer pouvait être de n'importe quelle couleur, — le bronzé même était admis selon John Mayer (1814).

LE POINTER CLUB=FRANÇAIS

par F. Masson.

Fondée en 1891 sous le titre *Pointer's-Club* par quelques amateurs (exactement 21) dont plusieurs ne donnèrent pas suite à leurs adhésions, cette société présidée par M. Navette, mais dirigée, en réalité, par M. Léon d'Halloy ne donna guère signe de vie pendant les six premières années de son existence autrement qu'en organisant trois épreuves pour puppies qui ne furent pas précisément remarquables car dans la nationale on ne put décerner qu'un 2e Prix et dans les deux internationales où la participation française fut insignifiante, l'argent du club alla encourager l'élevage étranger.

Il y avait bien chaque année une assemblée générale pendant l'exposition canine de Paris, mais elle ne réunissait que 4 ou 5 membres au plus (toujours les mêmes) qui, après avoir parlé de choses indifférentes, votaient l'organisation des inutiles concours de puppies malgré l'opposition des deux sociétaires qui ne subissaient pas l'influence du directeur, ou ne votaient rien et se séparaient sans rédiger aucun procès-verbal, en se donnant rendez-vous pour l'année suivante.

Mais en 1896 le club qualifié *Pointer-Club* ayant reçu des nouvelles adhésions se constitua plus sérieusement et nomma un comité composé de MM. le Dr Arbel, président; Mulard, vice-président ; F. Guilet, d'Halloy et Mairesse, membres.

En 1897, le club renonçant momentanément aux concours de puppies les remplaçait par une épreuve internationale et une épreuve nationale pour pointers de tout âge, en spécifiant que dans cette dernière le défaut d'arrêt à patron et la poursuite du lièvre n'entraînerait pas l'élimination et que les juges auraient toute latitude pour apprécier la gravité de la faute.

L'épreuve internationale qui avait été supprimée de 1898 à 1903 a été reprise à cette dernière date à Missy-les-Liesse et existe encore actuellement bien qu'elle ne soit chaque année qu'une réédition de celle de la Société Centrale.

A l'assemblée générale de 1897, le Club qui comptait une cinquantaine de membres décida de publier le compte-rendu des séances dans un organe de la Presse spéciale et de créer un bulletin semestriel destiné à mentionner les faits intéressant l'élevage du pointer.

Puis sur l'observation du président que la question de la détermination des points du pointer, qui figurait à l'ordre du jour, ne pouvait pas être résolue dans le peu de temps dont on disposait, l'assemblée adopta la proposition de distribuer aux membres du club le travail préparatoire que j'avais fait de mon chef à ce propos et de reprendre à la prochaine assemblée la discussion ainsi préparée.

En 1898 on adopte en principe la création d'une école de dressage mais sans y donner suite et on rejette un vœu demandant l'adoption du juge unique dans les expositions.

Puis revenant à la question des points on prend la détermination de nommer une commission de cinq membres chargée d'élaborer un texte définitif et de le soumettre à la prochaine assemblée générale.

Sont nommés membres de cette commission : MM. le Dr Arbel, F. Guilet, Mairesse, Masson et Mulard.

A la fin de l'année le club compte 92 adhérents et il arrive a son apogée l'année suivante avec 110 membres.

L'assemblée générale adopte à l'unanimité les points du pointer établis par la commission nommée en 1898 et publiés dans le n° 4 du Bulletin officiel.

Le club perd dix sociétaires pendant l'année 1900

et son effectif ne reprend jamais par la suite l'importance qu'il avait en 1899.

Il donne pleins pouvoirs à son comité pour trancher
à peu près toutes les questions soumises à l'assemblée
générale.

Les statuts sont modifiés sur quelques points dont
voici les principaux :

Renouvellement annuel du comité par tiers.

Paiement par les étrangers qui voudront faire partie du club d'une cotisation de 40 francs ou d'un droit
de fondateur de 500 francs.

Pouvoir au comité de prononcer la disqualification
du sociétaire qui se serait mal conduit envers les sociétés canines au point de vue des expositions, des
field-trials, etc.

En 1901, le club n'a plus que 90 membres.

Il décide à son assemblée générale que les noms de
tous les pointers inscrits au L. O. F. dans le courant
de l'année seront mentionnés à l'avenir dans le Bulletin officiel où ne figuraient auparavant que les chiens
appartenant aux sociétaires.

Puis il adopte les propositions suivantes faites par
M. le Cap^ne Dommanget en vue de favoriser la production du pointer en France :

1° Création d'une prime honorifique à décerner une
seule fois au naisseur de tout pointer récompensé par
le P. C. F. et en outre d'une prime en argent à attri-
buer à tout membre du club ayant importé un pointer (mâle ou femelle) dont un des produits serait bre-
veté par le club et autant de fois qu'il y aurait de produits brevetés.

2° Remplacement des concours de puppies par des
concours de *jeunes* pour chiens âgés d'un an au moins
et de deux ans au plus le 1er Janvier de l'année du
concours.

3° Définition du certificat de mérite afin d'éviter sa
confusion avec les mentions.

La séance est clôturée par la lecture d'un rapport sur

la vaccination préservative de la maladie du jeune âge avec le sérum du D^{eur} Phisalix .

L'année 1902 ne fut pas favorable pour le Club.

Quinze démissions et un certain nombre de cotisations revenues impayées réduisent à 79 le nombre de ses membres et à l'assemblée générale, il n'est pris aucune disposition à signaler en dehors de celle qui stipule que les prix donnés par le Pointer club dans les expositions ne seront délivrés que lorsque les chiens auxquels ils auront été attribués, se seront présentés en field-trial et y auront montré des qualités de chasse sérieuses.

En 1903 le total des sociétaires remonte à 84 et se maintient à peu près à ce chiffré jusqu'en 1907 inclusivement.

L'Epreuve nationale pour *jeunes* n'ayant pas pu avoir lieu l'année précédente faute de concurrents est remplacée par une épreuve pour pointers et setters de tout âge n'ayant jamais gagné de prix en field-trial, mais sans beaucoup plus de succès car elle n'a réuni que cinq concurrents dont un seul pointer.

Création d'un prix de tête pour le pointer le mieux typé sous ce rapport (?)

Rien à signaler en 1904, mais en 1905 survient une modification complète du Comité à la suite des démissions de MM. le Dr Arbel, président; Guilet, vice-président et Charlot, trésorier.

Le nouveau comité est ainsi constitué : Président : M. Mairesse. — Vice-président : M. André. — Trésorier : M. le Dr Labitte — Membres : MM. Guilet, Cte de Richemont, Thévenin et de Vasson.

Le choix de M. Mairesse était, du reste, tout indiqué car, outre la notoriété dont il jouit comme juge du pointer dans les expositions et les field-trials il est un des rares amateurs français qui ont exclusivement pratiqué l'élevage de la race et l'ont toujours employée à l'exclusion de toutes les autres.

Le Club est néanmoins resté stationnaire en 1906 et

1907 mais, cette année, son épreuve nationale pour pointers et setters novices a réuni 38 concurrents et il est probable que cette épreuve aurait encore davantage de succès si le Pointer-Club suivant le mouvement actuel la réglementait de façon à encourager la production du pointer apte à chasser pratiquement selon les idées françaises au lieu d'en faire un concours mi-parti anglais et français dont les résultats n'offrent pas beaucoup d'intérêt.

F. MASSON.

RÈGLEMENT

POUR LES

ÉPREUVES DU POINTER CLUB

Élaboré par la Commission des Fields Trials (1)
Nommée en Assemblée Générale du 21 Mai 1899

1° Les Concours auront lieu, suivant le temps, dans le courant d'avril. Le Comité décidera dans quelle partie de la France ils auront lieu.

Les Concours seront dirigés par une Commission de trois membres désignés par le Comité.

Le Jury sera composé de trois membres également choisis par le Comité.

2° Les Concours seront toujours annoncés trois mois au moins à l'avance par la voie des journaux de Sports.

3° Les Juges devront toujours laisser travailler chaque couple pendant quinze minutes et s'efforcer de leur donner à tous des chances égales. Le chien qui aura obtenu le numéro le plus élevé sera placé au premier tour à la droite des Juges et portera un collier rouge. Après le premier tour, le chien que les Juges décideront de faire courir à leur droite portera le collier rouge.

Si le nombre des chiens est impair, l'animal qui aura obtenu le numéro le plus élevé concourra avec un chien désigné par les Juges. Il en sera de même

---

(1) Ce règlement a été modifié en 1908, on le trouvera plus loin, et si nous donnons l'ancien réglement, c'est pour montrer l'évolution du Pointer Club et ses tendances actuelles.

L'ÉDITEUR.

pour les chiens dont le concurrent ne se présenterait pas pour un motif quelconque.

Chaque chien doit être présent sur le terrain pour être amené à l'appel immédiat de son nom. Si son absence se prolonge, la Commission chargée de diriger le Concours pourra prononcer l'exclusion du Concours ou infliger une amende variant de 10 à 50 francs, suivant le cas de l'absence.

Chaque chien sera conduit par son propriétaire ou par son dresseur ou par le fondé de pouvoirs de son propriétaire.

4° Les Juges rappelleront à l'ordre tout conducteur qui ne ferait pas battre le terrain à leur satisfaction ou qui ne se tiendrait pas à proximité de son concurrent ; en cas de récidive, ils peuvent l'exclure du Concours. Il en sera de même pour celui qui sifflerait d'une façon exagérée ou se livrerait à des appels de voix hors de propos ou se comporterait de manière que, dans l'opinion des Juges, il porte préjudice aux chances de succès de son concurrent.

Tout propriétaire qui aurait à se plaindre de la conduite de son concurrent, comme ayant gêné son chien, peut recourir à l'intervention des Juges.

5° Au premier tour, il sera tiré un coup de fusil sur l'arrêt de l'un des concurrents.

6° Quand un chien est à l'arrêt, son concurrent ne doit jamais le dépasser, mais prendre l'arrêt à patron en arrière. Cependant le défaut d'arrêt à patron n'entraînera pas l'élimination immédiate du chien ; les Juges auront toute latitude pour apprécier la gravité de la faute et pour la punir. Il en sera de même en ce qui concerne la poursuite du lièvre.

7° Après chaque épreuve, un drapeau est levé pour indiquer au public celui des deux chiens qui est réservé pour l'épreuve suivante. Si les deux drapeaux sont levés et agités simultanément, c'est pour indiquer que les deux chiens sont réservés. Le drapeau est rouge pour le chien qui porte le collier rouge et blanc pour l'autre chien.

8º Pour décerner les prix, les Juges tiendront compte de la méthode et de l'étendue de la quête, des allures, du port de la tête en quête et à l'arrêt, de la fermeté de l'arrêt, de l'habileté à trouver le gibier et de la prudence à l'approcher.

9º Les Juges n'accorderont aucun prix au chien qui ne battrait pas son terrain absolument comme il le ferait s'il était véritablement à la chasse. Ils exigeront une quête rapide, étendue ou courte, suivant les nécessités du moment. Le chien doit battre son terrain avec intelligence et méthode pour ne pas laisser de gibier derrière lui ; il doit être dans la main de son dresseur tout on conservant son initiative.

Les chiens classés pour les trois premiers prix devront courir une épreuve au moins, à mauvais vent, épreuve dans laquelle les Juges attribueront moins de gravité aux fautes commises à mauvais vent, mais aussi plus de mérite aux qualités manifestées dans ces conditions désavantageuses. Ce dernier paragraphe n'est pas applicable aux concours de puppies.

10º Les Juges ne décerneront les prix que s'ils reconnaissent que les concurrents les ont sérieusement mérités. Il sera accordé deux ou trois mentions suivant le nombre des chiens concurrents ; les Juges ne donneront ces mentions que si elles sont sérieusement méritées.

11º Les épreuves seront jugées d'après l'échelle de points adoptée par le Comité.

12º Après le premier tour, les juges feront connaître aux commissaires les chiens réservés pour une seconde épreuve. Les commissaires procéderont à un nouveau tirage au sort en évitant que deux chiens ayant déjà couru ensemble se retrouvent à nouveau une deuxième fois.

13º A partir du troisième tour, les Juges désigneront eux-mêmes les chiens qu'ils désirent voir travailler ensemble. Le premier et le deuxième prix devront toujours avoir concouru ensemble, de même le deuxième et le troisième prix. Les Juges feront courir ensemble les chiens qui ont des chances d'être placés, autant de fois qu'ils le jugeront nécessaire.

14º Si un propriétaire veut faire courir un chien sous un nom autre que celui sous lequel il a déjà pris part à un field-trial ou à une exposition, il sera tenu de le mentionner sur la feuille d'engagement.

15º Celui qui engage un chien ne lui appartenant pas est également tenu d'indiquer sur la feuille d'engagement le nom du propriétaire.

16º Tout propriétaire devra indiquer les origines du chien qu'il engage.

17º Le Comité a le droit de refuser l'engagement d'un chien qu'il croira devoir exclure.

Par le fait sont exclus les chiens appartenant à une personne disqualifiée par une Société Canine.

Les chiennes en folie seront exclues du Concours, leur entrée sera remboursée intégralement.

18º Toute réclamation devra être formulée au moment de la proclamation des prix Elle sera tranchée séance tenante par les commissaires dirigeant le Concours. Leur décision sera souveraine.

19º Pour le Concours des chiens n'ayant jamais gagné en field trial, ni obtenu de mention ou de certificats de mérite avant le moment du Concours. il sera procédé au premier tour à un travail par chien isolé, travail qui durera un quart d'heure au moins, sauf le cas où le chien se montrerait complètement nul.

(Les Concours du Pointer-Club sont uniquement réservés aux membres du Club ayant acquitté trois cotisations.)

ÉCHELLE DE POINTS :

1º Nez . . . . 30 points.
2º Style et fermeté de l'arrêt. . 20 —
3º Méthode de la quête, allure . 20 —
4º Dressage . . . . . . 15 —
5º Couler le Gibier. . . . . 10 —
6º Arrêt à patron . . . . . 5 —

Total. . . . . 100 points.

RÈGLEMENT

pour les épreuves du Pointer-Club admis en 1908 [1]

Epoque des concours. — Les concours auront lieu, suivant le temps, dans le courant d'avril et suivant les dates choisies par les Sociétés françaises et étrangères.

Organisation. — Les Concours seront dirigés par le Comité P. C. F.

Le jury sera composé de trois membres choisis par le Comité, les noms des juge doivent être publiés en même temps que l'annonce des épreuves.

Mesures d'ordre. — Les concours ne sont pas publics : seuls les membres du Club du Pointer et des sociétés affiliées à la Société Centrale ont le droit d'y assister.

Les cartes d'invitation sont rigoureusement personnelles et doivent être portées ostensiblement.

Les assistants doivent se conformer aux mesures d'ordre prescrites par les commissaires, et éviter surtout de fouler les récoltes ou de traverser les champs qui n'ont pas été parcourus par les chiens.

Pendant les épreuves, le public doit suivre les juges à distance, et ne pas dépasser le commissaire chargé de maintenir la direction de la marche : cependant les commissaires pourront autoriser à suivre les juges, les membres de la presse et les propriétaires au moment où leurs chiens seront appelés pour concourir ; ils devront suivre en silence pour ne pas effrayer le gibier.

Toute personne qui trouble les concours, ou qui ne se conforme pas aux mesures prescrites et aux injonctions des commissaires peut être exclue du concours.

Juges. — Toute liberté est laissée aux juges pour former leur appréciation, toutefois, ils sont priés de se conformer à l'esprit du présent règlement.

Le comité se réserve le droit de remplacer les juges qui seraient empéchés, même pendant le concours.

Inscriptions. Engagements. — Tout propriétaire devra indiquer les origines du chien qu'il engage et son numéro d'inscription s'il est inscrit à un stud-book reconnu. Les inscriptions, pour être valables, doivent être accompagnées du montant de l'engagement.

---

(1) Ce règlement est l'œuvre d'une commission composée de MM. Mairesse, E. André, Dʳ Labitte, Cᵗᵉ de Richemond et Dʳ Janez.

Exclusions. Inscriptions refusées. — Sont exclus les chiens appartenant à une personne disqualifiée par la Société Centrale ou une Société affiliée. Les chiennes, sous l'influence de leur sexe ne sont pas admises à concourir ; le montant de leur inscription sera remboursé intégralement, mais le propriétaire devra faire la déclaration par lettre recommandée, avant le concours.

Seront également exclus du concours les chiens méchants attaquant leurs concurrents, ou atteints de maladie contagieuse, mais le montant de leur inscription reste acquis à la Société.

Le comité se réserve le droit d'exclure du concours tout chien qu'il ne croit pas devoir admettre pour quelque cause que ce soit, et de rembourser le montant de son inscription, même après l'avoir acceptée.

Tirage au sort. — Il ne sera plus fait de tirage au sort : les chiens seront classés par rang d'âge en commençant par les deux plus jeunes ; si ces deux chiens appartiennent au même propriétaire, il sera fait choix du concurrent suivant.

Les chiens concourent par couple, dans l'ordre du programme ; les chiens placés à gauche courront à gauche et les autres à droite.

Byes. — Si le nombre des chiens est impair, les juges désigneront un chien pour courir avec le dernier.

Il en sera de même pour tout chien dont le concurrent fait défaut.

Collier rouge. — Lorsque deux chiens de même race et de même couleur doivent courir ensemble, celui qui est placé à la gauche des juges portera un collier rouge.

Changement de nom. — Les chiens inscrits à un livre d'origines ne peuvent plus changer de nom.

Si un propriétaire veut faire courir un chien non inscrit à un livre d'origines sous un nom autre que celui sous lequel il a déjà pris part à un field-trial où à une exposition, il sera tenu de le mentionner sur la feuille d'engagement. Celui qui engage un chien ne lui appartenant pas est également tenu d'indiquer sur la feuille d'engagement le nom du propriétaire·

Absence des chiens. — Chaque chien doit être présent sur le terrain pour répondre immédiatement à l'appel de son nom.

En cas d'absence non motivée, les commissaires pourront prononcer l'exclusion du concours ou infliger une amende variant de 10 à 50 francs, suivant le cas de l'absence.

Appréciation du travail des chiens. — Les juges devront toujours, au premier tour, laisser travailler chaque couple pendant quinze minutes, à moins d'infériorité notoire, et s'efforcer de leur donner à tous une chance égale.

Les juges sont priés de ne tenir aucun compte des prix qu'un chien a pu gagner dans les field-trials précédents ; ils ne prendront en considération que le travail du jour.

Au premier tour, il sera tiré un coup de fusil à l'arrêt de chaque chien.

Au coup de fusil, le chien doit rester immobile ; s'il court ou s'il s'enfuit par suite de la détonation, il peut être éliminé suivant la gravité de sa faute.

Au premier tour, les juges sont invités à montrer un certaine tolérance ; ils songeront qu'en se montrant trop sévères au début, ils s'exposent à terminer le concours avec des chiens n'ayant pas commis de graves fautes, mais de médiocre qualité, comme nez, style, vitesse et endurance. Il arrive parfois que les médiocrités réservées commettent dans les épreuves finales des fautes tout aussi graves que celles qui ont fait éliminer du premier coup les grands chiens. En semblable occurrence, les juges pourraient rappeler certains chiens qui, sous le rapport du style, de la vitesse et de l'endurance, ont un nombre supérieur de points, et à tous les points de vue ce serait équitable.

Il ne faut pas perdre de vue que le but des field-trials à grande quête est de désigner aux éleveurs les reproducteurs d'élite qui engendreront d'autres grands field-trialers et de nombreux chiens de chasse de tout premier ordre : il serait facile d'en faire la preuve par la descendance de champion Bang, champion Drake, ou des fameux setters du regretté notaire Richard.

Pour décerner les prix, les juges tiendront compte de la méthode et de l'étendue de la quête, du nez, de la façon d'éventer et de prendre connaissance du gibier, de la rapidité des allures, de l'endurance, du port de la tête en quête et à l'arrêt, du style, de la fermeté et de la sûreté de l'arrêt, de l'initiative et de l'intelligence à trouver le gibier, de la prudence à l'approcher et à le couler, de l'obéissance, et enfin de l'immobilité au départ du gibier.

Le chien doit couler avec prudence et seulement sur l'ordre de son conducteur ; les juges se montreront sévères pour les chiens qui refusent de couler ou que le conducteur est obligé de tirer par le collier pour le porter en avant.

Le chien doit battre son terrain avec intelligence et méthode, absolument comme s'il était à la chasse, pour ne pas laisser de gibier derrière lui ; il doit être dans la main de son dresseur, tout en conservant la plus grande initiative.

Les juges ne se prononceront pas sur le mérite d'un chien

exclusivement d'après le nombre de ses arrêts, ou de ses arrêts à patron ; ils tiendront compte de la rapidité et de l'étendue de la quête, des allures rapides et de l'endurance ; ils considèreront qu'un chien qui ne réunit pas ces trois conditions n'est pas qualifié pour figurer dans un concours à grande quête : ce chien ne pourra obtenir qu'une mention.

Les juges n'oublieront pas que le chien qui, sans avoir peur de se compromettre, bat hardiment son terrain, a beaucoup plus de mérite que celui qui cherche surtout à éviter les fautes, soit parce qu'il manque de moyens, soit parce qu'il est retenu par son dresseur.

Arrêt à patron. — L'arrêt à patron est rigoureusement exigé.

Il s'obtient spontanément ou à l'ordre (1).

Aucun prix ne sera décerné à un chien qui ne respecterait pas l'arrêt de son concurrent naturellement ou à l'ordre de son conducteur, si le chien ne patronne pas naturellement le conducteur peut le faire patronner, soit en le faisant coucher, soit en l'amenant doucement et sans bruit derrière son concurrent. Il est entendu que le conducteur pourra faire patronner à l'ordre par le geste, la voix ou le sifflet, mais en utilisant ces moyens avec la plus grande discrétion pour ne pas porter préjudice à son adversaire.

Tout chien qui ne patronne ni spontanément, ni à l'ordre de son conducteur, ou qui vient gêner son concurrent, ou qui prend son point sera éliminé.

Le chien qui est à l'arrêt ou à patron doit rester immobile et ne reprendre sa quête que sur l'ordre de son conducteur.

Il ne sera compté aucune faute à un chien qui ne patronnerait pas, s'il ne peut voir son concurrent à l'arrêt. Lorsqu'un chien n'aura pas eu l'occasion d'arrêter à patron pendant les diverses épreuves qu'il aura faites, le doute lui profitera.

Les juges sont priés de ne pas faire coucher un chien pour voir si le concurrent arrête à patron ; il est facile de comprendre qu'un chien refuse de patronner un chien couché qui n'a pas l'attitude rigide de l'arrêt.

Dans l'esprit du règlement, il ne sera compté aucune faute au chien ne patronnant pas de son propre mouvement, mais respectant immédiatement l'arrêt de son concurrent sur l'ordre de son conducteur ; cependant, les juges tiendront compte dans le classement final des points acquis au chien patronnant naturellement.

––––––

(1) M. E. André au cours des séances de la commission, s'est montré d'une intransigeance absolue — en rejetant l'arrêt à patron à l'ordre.

Conducteurs. — Le conducteur peut se servir du sifflet, de la voix, du geste avec discrétion ; celui qui sifflerait d'une façon exagérée ou se livrerait à des appels de voix hors de propos ou se comporterait de manière à porter préjudice aux chances de son concurrent, sera rappelé à l'ordre et s'expose à être éliminé en cas de récidive.

Tout conducteur qui aurait à se plaindre de son concurrent comme ayant gêné son chien peut recourir à l'intervention des juges.

Les juges peuvent rappeler à l'ordre tout conducteur qui ne ferait pas battre le terrain à leur satisfaction, ou ne se tiendrait pas à proximité de son concurrent ; en cas de récidive, ils peuvent l'exclure du concours.

Quand un chien prend un arrêt à une certaine distance des juges, le conducteur, doit après le départ du gibier prendre son chien en laisse et le ramener près des juges à proximité de son concurrent. Après le premier tour, les juges proclameront les noms des chiens réservés et indiqueront dans quel ordre les couples seront rappelés ; ils éviteront que **deux** chiens ayant déjà couru ensemble au premier tour se retrouvent à nouveau au deuxième tour.

A partir du troisième tour, les juges rappelleront les chiens qu'ils désirent voir travailler ensemble, autant de fois qu'il leur plaira. Ils pourront, si bon leur semble, faire courir une épreuve à mauvais vent ; ils attribueront une gravité bien moins grande aux fautes commises à mauvais vent, mais aussi plus de mérite aux qualités manifestées dans ces conditions désavantageuses.

Les épreuves du Pointer-Club seront jugées d'après l'échelle des points adoptée par le Comité :

1er Nez............................	25 points.
2e Style, fermeté de l'arrêt......	20	»
3e Méthode de la quête, allures.	20	»
3e Dressage.....................	15	»
5e Couler le gibier...............	15	»
6e Arrêt à patron...............	5	»
	100 points.

Prix. — Les juges ne décerneront les prix que s'ils reconnaissent que les concurrents les ont sérieusement mérités.

Mention. — Aucune mention ne sera accordée à un chien qui n'aurait pas fait au moins un arrêt.

Il sera accordé des mentions suivant le mérite des chiens et le nombre des concurrents.

Certificat de mérite. — Il sera accordé un certificat de mérite à tout chien qui aura montré de grandes qualités naturelles, qui le recommandent comme reproducteur, mais dont le dressage est insuffisant pour lui faire décerner un prix ou une mention.

Critique des jugements. — Toute personne qui critiquera ouvertement sur le terrain les décisions des juges est passible d'une exclusion des concours à venir, et suivant la gravité du cas s'expose à une disqualification.

Réclamations. — Toute réclamation devra être formulée avant la proclamation des prix.

Contestations. — Toute contestation sera tranchée séance tenante par les commissaires. Leur décision sera souveraine, même pour les cas non prévus au règlement.

MODIFICATIONS AU RÈGLEMENT DES FIELD-TRIALS POUR LE CONCOURS NATIONAL

Quête. — La quête sera naturelle. Aucune limitation ne lui sera assignée ; elle pourra varier d'étendue suivant les moyens du chien ou la nature du terrain.

Arrêt à patron. — L'arrêt à patron n'est pas exigé ; mais il est entendu qu'un chien qui viendrait gêner son concurrent, le dépasser et faire partir le gibier sera éliminé.

Poursuite du lièvre. — La poursuite du lièvre n'est pas une cause d'élimination à condition que le chien revienne à l'appel de son conducteur, et puisse reprendre immédiatement sa quête.

Dans le classement final, les juges tiendront compte de l'étendue et du style des allures et de la quête, des points acquis au chien patronnant naturellement et du respect du lièvre.

Epreuves organisés par le P. C. F.

Chaque année — dans la première quinzaine d'avril en général — le P. C. F. organise concurremment avec le Setter-club deux épreuves — depuis quelques années, elles ont lieu à Missy-les-Liesse sur les chasses de M. Pol de Fay — : Un Concours International pour Pointers et Setters de tout âge et un concours national de novices pour Pointers et Setters.

Peuvent prendre part à cette épreuve les pointers et setters n'ayant point gagné jusqu'au moment du concours. A partir de 1909, une tolérance a été accordée dans l'envoi des engagements pour les setters et pointers âgés de 16 mois au maximum, les engagements de ces derniers sont reçus jusqu'au huitième jour qui précède le concours.

Les juges habituels des concours réunis du P. C. F. et du S. C. F. sont MM. Lamaignère, Dr Janet et Cte de Richemont.

SOCIÉTÉS CANINES

ET

CLUBS SPÉCIAUX

(France et Etranger).

Sociétés pour l'amélioration des Races canines

EN FRANCE

----+----

SOCIÉTÉ CENTRALE POUR L'AMÉLIORATION DES RACES
CANINES EN FRANCE

Président : Prince de Wagram.
Vice-Président : Cte de Bagneux.
Secrétaire : J. Boutroue, 38, rue des Mathurins, Paris.

CLUB ST-HUBERT DE L'OUEST

Président : M. Baillergeau.
Secrétaire : J. Huguet, 30, rue Leroy, Nantes.

CLUB ST-HUBERT DU NORD

Président : M. de la Serre.
Secrétaire : M. Damez, 11, contour St-Martin, Roubaix.

SOCIÉTÉ CANINE DE L'EST

Président : Mis de Bonfils.
Secrétaire : Aureggio, 6, rue Girardet,
Nancy (M.-et-M.)

SOCIÉTÉ CANINE DU SUD-EST

Président : M. Carret.
Secrétaire : M. Vaucher, 9, Quai de l'Hôpital, Lyon.

SOCIÉTÉ CANINE DU SUD-OUEST

Président |: Dr Daléas.
Secrétaire : M. Daumas, 17, rue de Rémusat,
Toulouse.

Société canine « La Sologne ».

Président : M. Gentien.
Secrétaire : M. Yon, Faubourg Madeleine, Orléans.

Société canine du Centre

Président : M. Sohet Thibaut.
Secrétariat : Place Fontaine des Barres, Limoges.

Société canine du Midi

Président : M. J.-B. Samat.
Secrétariat : 39, rue de Paradis, Marseille.

Société canine de Normandie

Président : M. Bardin.
Secrétaire : M. Rousseau, 20, rue Nationale, Rouen.

CLUBS SPÉCIAUX

FRANCE

Pointer club (fondé en 1891), — Montant de la cotisation annuelle : 20 francs.

Président : M. Mairesse. — *Vice-Président :* M. Em. André. — *Trésorier :* Dr Labitte. — *Membres du Comité :* F. Guilet, Cte de Richemont, H. Thevenin, J. de Vasson. — *Secrétaire :* Boutroue.

Siège Social : 38, rue des Mathurins, Paris.

BELGIQUE

Pointer Club Belge. —
Secrétariat : 7, Place du Marteau, Bruxelles.

ANGLETERRE

INTERNATIONAL POINTER AND SETTER SOCIETY (fait partie de l'International Gundog League). — *Président :* Giltrap–Dublin. — *Secrétaire :* A. Sansom, Hampton Road, Woscester Park, London. — Cotisation 2 livres 2 shellings.

ALLEMAGNE

DEUTSCHER POINTER KLUB. — *Secrétaire :* Rudolf Klotz, Baumschulenweg, b. Berlin.

AUTRICHE

INTERNATIONALER KLUB FÜR ENGLISH VORSTEH-HUNDE. — *Président :* B^ou F. von Born. Vienne. — *Secrétaire :* Frans X. Pleban, 11, Bethoven strasse. Graz. — Cotisation 20 marks.

SUISSE

SCHWEIZERISCHER VEREIN ZUR PRUFUNG VON JAGD-HUNDEN. — *Président :* J. Brugisser, Bremgarten. — *Secrétaire :* Welti, Aarburg. — Cotisation 10 fr.

VEREIN FUR JAGD-UND HUNDSPORT. — *Secrétaire :* M. Kohler, 56, Holbeinstrasse, Bâle. — Cotisation 15 fr.

HOLLANDE

NEDERLANDSCHE POINTER CLUB. — *Président :* M. Berlage, Amsterdam. — *Secrétaire :* M. Coppens, Villy House, Bussum. — Cotisation 3 florins.

FIELD TRIALS COMMISSIE NIMROD. — *Président :* Jhr. Mr. Quarles van Ufford, Haarlem. — *Secrétaire :* Dr Posthuma, Biggekerke (Zeeland).

ITALIE

Pointer et Setter Club. — *Président :* S. A. R. le duc d'Aoste. — *Secrétaire :* M. E. Pezzoli, Milan. — Cotisation 30 lires.

SUÈDE

Svenska Pointer Club. — *Secrétaire :* Dr Häger, 13, Sturgetan, Stockolm.— Cotisation 5 couronnes.

RUSSIE

Société des amateurs de chiens de Races. — *Président :* Grand Duc Nicolas Nicolaiewitch. — *Secrétaire :* J. de Narytschkine, St-Pétersbourg. — Cotisation 25 roubles.

AMÉRIQUE

Pointer Club of América. — *Président :* M. W. Gould, New York. — *Secrétaire :* C. F. Lewis, Broadway, New York.

CHENILS DE POINTERS

FRANCE

L. AUMOINE, 14, rue Barathon, Montluçon (Allier).

F. BARLANGUE. — Chenil de la Lande H^te^, par Villeneuve-s-Lot (L.-et-G.)

Hop de la Lande (Golf de la Lande-Rita de Vinzelles); Elsa de la Lande (Rap of fine Cross-Olga de la Croix); Gipsy de la Lande (Loff de Gascogne-Fly de la Lande); Kate de Gascogne (Gosse d'Orléans-Fly des Petites Croix).

Cte DE BELOT. — Chenil de Nanteuil, Château de Nanteuil par Vineuil (Loir-et-Cher).

M. BOISSONNADE. — Chenil de Longueplaine. 5, rue de Benouville, Paris.

E. BURGUES. — Chenil de Béziers. 44, avenue Gambetta, à Béziers (Hérault).

Etalons : Gamin de Béziers ex du Bignon L. O. F. 1270. Prix d'honneur, Marseille ; Field Minotaure L. O. S. H. 7043, field-trialer par Rap des Rouches.
Lices : Léda de Bretagne L. O. F. 6086, nombreux premiers prix ; Juno de Béziers, Mab de Béziers.

Dr H. CASTAING. — Chenil D. H. C., médecin major, Fontainebleau (Seine-et-Marne).

Cte DE CHAMPS. — Chenil de Chateauvert, Chateauvert par Marseille-les-Aubigny (Cher)

CHENOT, à Chauny (Aisne) et Puteaux (Seine).

Etalon : Tac Fram, noir, lauréat de field-trials (Amiens). Certificat de grand mérite et prix spécial au chien ayant les meilleures dispositions, père de nombreux chiens primés en field et en exposition.
Lices : Furie Saphu Fram noire, sœur de Fidji, 1er prix, Field-trial du P. C. 1908 ; Gazelle, noire par Fakir, 1er prix, Nantes 1907, hors de Raquette, 1er prix, Nantes et Paris 1908.

C. CLAVERIE. — Château des Marguerites, par Pessac (Gironde).

G. COLON, à La Croix, par La Selle (Saône-et-Loire).

J. CÔTE. — Chenil de St-Paul de Varax, 19, cours Morand, Lyon (Rhône).

DOMMANGET. — Chenil de Fram, Provins (S.-et-M.)

M. DUGIED, 29, rue du Connétable, Chantilly (Oise).

Etalon : Unco II, janvier 1905, par Unco Guid et Kate of Fitz
James. Certif. mérite, Missy 1908. Mention, Exposition Paris
1907.

BARON P. ECHASSERIAUX. — Chenil de la Touche,
St-Jean-d'Angely (Charente Inférieure).

FAUCHER. — Chenil des Djinns, Capitaine au 21e Bᵒᵘ
de chasseurs à pied, Montbéliard (Doubs).

Etalon : Faust Betly Fram (L. O. F. 12145). Certificat de mérite a Cuts par Démon Sapho Fram hors de Betly de Poigny
Lice : Draga Wande des Djinns (L. O. F. 9792) par Royal
Duke (L. O. S. H. 6597). 1ᵉʳ prix Field-Trials internationaux
de Vienne en 1905, hors Princesse Wanda (L. O. F. 8709).

P. GIBORY. — Chenil de Laval, 16, Quai Beatrix,
Laval.

GOSSIÔME. — Chenil de Bagneux, Saumur (M.-et-M.)

GRANEL — Chenil du Bouscat, Lesperon (Landes).
Sang Brodrik Castle Sandy, Rap VI, Field Rap.

F. GUILET. — Condé-sur-Noireau (Calvados).

DE LAMANDÉ. — Chenil du Doussay, Château du
Doussay, par La Flèche (Sarthe).

J. MAHIEU. — Bonsecours-Condé (Nord).

Etalons : Fiel Rap (L. O. S. H. 6862) par Noirhat Mac hors de
Rose of Meirebecke ; Lingfield Master (L. O. S. H. 7687) par
Shelbridge Dan hors de Devonshire Marion.
Lices : Djipsy Prima (L. D. S. H. 6911) par Rocket of Merbes
hors de Duna ; Musette (R. S. H. 1598, L. O. S. H. 7707) par
Wilful Dan hors de Finale (origine Arkwright) ; Anni de
Bonsecours (L. O. S. H.) par Field Rap hors de Djipsy, Prima.

MAIRESSE. — Chenil des Rouches, Les Rouches, par
Nouan-la-Fuselier (Loir-et-Cher).

MAYET 5, rue de la République, Lyon.

Etalons : 1ᵒ Black de la Brède L. O. F. 10473, par Laird hors
de Ruby de Fitz James, L. O. F. 7269. Mention très honorable réservée, Field-trials de l'Indre 1907, 1ᵉʳ prix classe
ouverte. Lyon 1908. 1ᵉʳ prix classe de Field-Trialers, Lyon
1908. Prix spécial, Lyon 1908, 2ᵉ prix couples, Lyon 1908.
2ᵒ Gallus par Fakir-Saphu-Fram L. O. F. 12240, hors de
Raquette de Montgazon L. O. F. 11725.
Lices : 1ᵒ Nounou L. O. F. 11848, par Bob, hors de Muson de
St-Paul de Varax. 2ᵉ prix classe ouverte, Lyon 1908, 2ᵉ prix
classe de couples, Lyon 1908.
2ᵒ Fée-Domino, par Sam des Rouches, hors de Domino
Sapho-Fram L. O. F. 10785. Mention très honorable, Paris-
1908, classe ouverte.

PAUL MÉGNIN. — Chenil de l'*Eleveur*, 92, rue de Fontenay-Vincennes (Seine) et Sully-s-Loiret (Loiret).

Etalon : Royal Gosse (de l'*Eleveur*) (K. C. S. B 351 M.) par Melsham Lemon hors de Royal Bloom.
Lice : Rewin (de l'*Eleveur*) (K. C. S. B. 826 M.) par Wilful Will (K. C. S. B.) hors de Nell (K. C. S. B.).

Dr MENCIÈRE, à Reims (Marne).

MOTTIN DE LA BALME. — Château de Launay Guen par Plemet (Côte-du-Nord).

J. PIEL. — Chenil de St-Cloud, à St-Cloud (Seine).

CH. PIEL. — Chenil de Coulombs, 31, Rue Meslay Paris.

Etalon : Fakir Saphu Fram. 1er prix, Missy-les-Liesse 1908.

MARQUIS DE PLANCY. — Chenil du Fay, Agnetz (Oise).

J. PLASSARD. — Chenil de St-Léger, Le Theillay (L.-et-Ch.)

L. POMMIER. — Chenil de Croc, 85bis, Avenue de Wagram, Paris.

Etalons : Frago Jenny Croc (11452), Gluck Maba Croc (12699).
Lices : Mab de Bellefontaine (7548) ; Frima Iris Fram (11008) ; Noirhat Folle (11869) ; Gyp Maba Croc (12700) ; Hella Sophu Fram.

RIFFLET. — Chenil Star, à Bouchavesne, par Peronne (Somme).

Cte DE RICHEMONT. — Chenil de la Brède, Château de la Sangue, à la Brède (Gironde).

LOUIS SICHER. — Chenil du Bignon, 6, Quai de Paludats, Bordeaux (Gironde).

J. DE VASSON. — Chenil de Greuille, Château de Grenelle, par Ardentes (Indre).

TABOURIER, 53, Rue Montaigne, Paris.

SUISSE

MM. JULES FAVRE ET RUFER GRAZIANO. — Pointer Kennel, Clos du Parc, La Chaux-de-Fonds.

ITALIE

RAMOLO PANSERI. — Royal Kennels, Udine.
M. VIGNOLI. — Canile Trasinano, Pasignano.

Montbéliard. — Ste Anme d'Imprimerie Montbéliardaise.

BIBLIOTHÈQUE DE " L'ÉLEVEUR "

OUVRAGES DE M. PIERRE MÉGNIN

Les Races des Chiens (2ᵉ édition).
Tome   I. *Histoire, origines, classification* . . (en réédition)
—   II. *Chiens d'arrêt.* . . . . 5 fr.
— III. *Lévriers et chiens courants* . . . (en réédition)
— IV. *Chiens de garde et d'appartement.* . . . 6 »
Le Chien (5ᵉ édition). *Elevage, hygiène et médecine.*
Tome I. (5ᵉ édition) . . . . 8 »
— II. (4ᵉ édition) . . . . 7 »
Les Chenils et leur Hygiène . . . . 4 »
Le Dogue de Bordeaux . . . . 2 »
Élevage, hygiène et maladies du Gibier . . . . 4 »
Le Furet, *élevage, hygiène, maladies* . . . . . 2 »
Le Cheval et ses races . . . . 10 »
Médecine du Cheval (2 vol.) . . . . 12 »
Harnachement et Ferrure . . . . 10 »
Aviculture pratique (2ᵉ édition).
Tome I. *Elevage et engraissement* . . . . . . 5 »
— II. *Les Races de volailles* . . . . 8 »
Palmipèdes domestiques et d'agrément . . . 3 »
Le lapin et ses races . . . . 5 »
Les Pigeons (nouvelle édition) 3.50
Médecine des Oiseaux (4ᵉ édition). Tome I. . . . 6 »
Les oiseaux utiles et nuisibles à l'agriculture . . 3 »
Les insectes buveurs de sang . . . . 2 »

OUVRAGES DE M. PAUL MÉGNIN

Notre ami le Chat. Préface de François Coppée. . . 10 »
Nos Chiens, *Races, élevage, maladies* . . . . . 4 »
Le livre d'Or de la santé des Animaux . . . 25 »
(avec 8 planches démontables.)
Le poussin à la russe — un plat nouveau 0.30

OUVRAGES DE M. C. CERFON

Basse volerie et Dressage de l'Autour . . . . 5 »
Chasse sous terre . . . . 5 »
Chasse à courre du Lièvre (2ᵉ édition) 2.50

OUVRAGES DE DIVERS AUTEURS

R. Dommanget, *Dressage de Fram.— Dressage de Turc* . 4 »
Mⁱˢ de Mauléon : *La chasse à courre* 1.50
Cⁱᵉ E. de Montal : *Nos chasses du Sud-Ouest* . . . 2 »
Cap. Bellard : *Questions hippiques* . . . . . 4 »
P. A. Rousselot : *Les ennemis de la vigne* . . . 1 »
R. Fontaine : *Elevage des Pigeons d'exposilions.* . . 1 »
Van de Putte : *Le chien de guerre et de défense* . 3.50
Valadon et Mégnin : *Le Hanneton et sa larve* . . . 0.70

Tous les ouvrages sont envoyés franco aux abonnés de l'*Éleveur.*

L'ÉLEVEUR

Journal Hebdomadaire illustré

Seul journal français s'occupant exclusivement des Chiens et de la Chasse.

Parait tous les dimanches matin sur 28, 32, 36 ou 48 pages

en donnant le compte rendu complet et détaillé de tous les évènements canins de la semaine.

Les comptes-rendus des expositions canines, Field-trials, Concours, les Echos des Sociétés, etc., des Chroniques d'actualité, des Interviews, des Enquêtes, des Fantaisies, les Rapports des juges, en font le plus pittoresque, le plus vivant, le mieux informé des journaux spéciaux.

L'Eleveur possède également un service vétérinaire dont les consultations sont recherchées, ainsi que les avis des ses conseils judiciaires.

Gravures hors texte sur papier de luxe dans chaque numéro

Offres et demandes gratuites : les abonnés ont droit à autant d'annonces de 30 mots qu'ils reçoivent de numéros.

Directeur : Paul MÉGNIN

Secrétaire de la Rédaction : Jacques LUSSIGNY.

PRINCIPAUX COLLABORATEURS :

MM. CUNISSET-CARNOT, PAUL CAILLARD, MARQUIS DE MAULÉON, P.-A. PICHOT, FRAM, F. MASSON, Mᵉ IMBRECQ, avocat à la Cour d'Appel de Paris, P.-A. ROUSSELOT, E. LEMOINE, G. HOROVITZ, PHILIPPON, JHO PALE, CAP. BRANLY, J. BASSET, chef de travaux pratiques à l'Ecole vétérinaire d'Alfort. G. BOSSI, L. HUYGEBAERT, l'Ingénieur VIGNOLI, Dᵣ SCHLESSINGER, C. VION, G. DU TAILLIS, ETC., ETC.

Rédaction et administration : 92, rue de Fontenay, VINCENNES (Seine),

Bureaux : 4, rue Robert-Estienne PARIS (8ᵉ arr.) (*Métro-Marbeuf*).

Bureaux à Londres : 22, Knighton Park Road, Sydenham, London, S. E.

L'Eleveur possède aussi des correspondants particuliers en Belgique, en Suisse. et en Italie, en Russie, en Amérique et en Suède et Norvège, et donne les comptes rendus des principales expositions de ces pays.

Il est l'organe officiel de nombreux Clubs spéciaux de France et de l'Etranger.

ABONNEMENTS

FRANCE ET ALGÉRIE	ETRANGER ET UNION POSTALE
Un An . . . . . 15 fr.	Un An . . . . . 17 fr.

Montbéliard. — Sté Anᵐᵉ d'Imprimerie Montbéliardaise.

9 782019 929350